AF468063

MÉMOIRE

A L'APPUI

D'UN PLACET PRÉSENTÉ A L'EMPEREUR

SUR LA QUESTION

D'AMÉLIORATION ET D'ASSAINISSEMENT

DE LA SOLOGNE

PAR DES DÉLÉGUÉS DES COMICES DES TROIS DÉPARTEMENS

COMPRENANT L'ANCIENNE PROVINCE DE SOLOGNE,

Adopté en assemblée générale

Sur la rédaction de M. A. GUILLAUMIN, rapporteur de la Commission.

ORLÉANS,

IMPRIMERIE DE PAGNERRE.

1853.

MÉMOIRE

A L'APPUI D'UN PLACET PRÉSENTÉ A L'EMPEREUR

SUR LA QUESTION

D'AMÉLIORATION ET D'ASSAINISSEMENT

DE LA SOLOGNE,

PAR LES DÉLÉGUÉS DES COMICES DES TROIS DÉPARTEMENS

COMPRENANT L'ANCIENNE PROVINCE DE SOLOGNE.

Adopté en assemblée générale sur la rédaction de M. A. GUILLAUMIN,

Rapporteur de la Commission (1).

On s'est formé, jusqu'à ces derniers temps, des idées très-superficielles sur la Sologne. Pour qui ne l'a observée qu'à la vitesse de la vapeur d'un convoi qui la traverse, elle ne présente qu'une suite d'étangs et de landes parsemées çà et là de rares bouquets de pins ; pour qui l'a étudiée et pratiquée elle vaut, comme on l'a fait remarquer, beaucoup mieux que sa réputation ; et l'on peut dire, sans exagérer ses misères, qu'elle a droit à des secours, de même que sans exagérer ses ressources, on doit ajouter qu'elle vaut les sacrifices qu'on lui fera, et qu'elle pourra les rembourser.

---

(1) L'assemblée générale des délégués est composée ainsi qu'il suit :

M. le duc de Mortemart, sénateur, général commandant la 19e division militaire, président du Conseil général du Cher, *président d'honneur.*

Pour le département du Loiret :

MM. de Mainville, vice-président du Comice d'Orléans, membre de la Chambre consultative, délégué ;
De Laage de Meux, délégué du même Comice ;
Bordas, secrétaire et délégué du même Comice ;

Depuis que le chef de l'État, voulant juger par lui-même, est venu visiter la Sologne, et a ordonné la reprise des travaux commencés, la question de Sologne est sortie de l'état de conjecture pour passer à l'état de pratique, ouvrant ainsi au budget des travaux publics un chapitre fermé jusqu'à ce jour, celui des travaux entrepris avec les deniers de l'État dans un intérêt agricole. C'est là une initiative et un grand progrès dont on doit tenir compte à la Sologne d'avoir été l'occasion, et au chef de l'État d'avoir compris la nécessité.

Aujourd'hui que les écrivains dans leurs publications, le gouvernement dans les rapports des ingénieurs et des savans auxquels il en avait donné mission, ont préparé tous les élémens de solution, il est du devoir des Comices des trois départemens comprenant l'ancienne

---

Dupré de Saint-Maur, membre du Conseil général du Loiret, de la Chambre consultative, délégué du même Comice ;

De Laage de la Rocheterie, vice-secrétaire du même Comice et délégué ;

Tallereau (l'abbé), directeur de la colonie d'Autry, délégué du Comice de Gien.

Pour le département de Loir-et-Cher :

MM. De Beauchêne, président du Comice de Romorantin, délégué de ce Comice, *président de la commission.*

Bergeron-Danguy, membre du Conseil général de Loir-et-Cher, président de la section du Comice de La Motte, délégué de ce Comice;

Tabouret (l'abbé), directeur de la colonie de Sigoneau, vice-président de la section de Mennethou, délégué de ce Comice;

Romieu, président de la section de Selles-sur-Cher, membre du Conseil général de Loir-et-Cher, délégué ;

Martin-Martinet, délégué du Comice de Mehun-sur-Beuvron, membre du Conseil général de Loir-et-Cher ;

Martinet, vice-président du Comice de Romorantin, délégué, membre du Conseil général de Loir-et-Cher ;

De Buzonnière, vice-président du Comice de Salbris, délégué, membre de la Société d'agriculture d'Orléans ;

De Montenay, membre de la Chambre d'agriculture, délégué du Comice de Contres ;

Pour le département du Cher :

MM. Soyer (Alphonse), membre du Conseil d'arrondissement de Sancerre, délégué du Comice d'Aubigny ;

Soyer (Alexis), délégué du Comice d'Aubigny ;

Thinat, vice-président du Comice d'Aubigny pour le canton de Vailly, délégué du même Comice ;

Olleris, recteur de l'Académie du Cher, délégué du Comice de Vierzon ;

Guillaumin, membre du Conseil général du Cher, président du Comice d'Aubigny, *secrétaire de la Commission et rapporteur.*

Sologne, d'apporter leur part d'expérience et de pratique agricoles, en exposant l'état de la contrée, ses besoins, les moyens d'y pourvoir, et de hâter ainsi, autant qu'il est en eux, l'accomplissement des promesses faites au pays et des espérances qui lui ont été données.

Comme question d'amélioration, c'est une question qui intéresse la fortune publique ; comme question d'assainissement, c'est une question d'humanité dont aucune considération ne saurait retarder la solution pratique.

Renfermée entre deux grands cours d'eau, la Loire et le Cher, la Sologne présente une superficie presque perdue d'environ 460,000 hectares ; son sol consiste en argile mêlée de silex ou de sable reposant en grande partie sur un sous-sol imperméable, de là sa stérilité et son insalubrité. Vaste bassin creusé par l'action des eaux et rempli par elles d'un dépôt purement siliceux, la Sologne manque de l'élément calcaire qui pourtant abonde à la surface de son périmètre ; de là la nature forcée du mode de culture qu'on y suit, épuisant une terre déjà impuissante, et formant obstacle à toute amélioration sérieuse tant que les conditions générales de la contrée n'auront pas été changées. Absence de prairies artificielles, rareté de prairies naturelles, partant absence ou rareté de bestiaux ; vastes espaces réservés au parcours, de là stagnation des eaux sur des terrains sans culture, et par suite insalubrité ; ajoutez à cela l'imperméabilité du sous-sol formant, dans sa plus grande étendue, un réservoir intérieur dont le niveau, changeant suivant les saisons, noie ou dessèche alternativement le sol avec excès et transforme les bas-fonds en marécages.

Les faits statistiques viennent justifier l'influence de ces causes ; ainsi, les produits nets de la terre y sont à peine d'un septième de la moyenne générale, soit de 5 à 6 fr. par hectare ; la population d'un tiers de la population commune, soit de 21,15 habitans par kilomètre carré ; la vie moyenne bien au-dessous de la vie commune ; le recrutement de l'armée fort difficile.

La Sologne est pourtant parfaitement située pour profiter des améliorations qu'on y voudra faire. Les deux gands cours d'eau qui la bornent, lorsqu'on les aura réunis par une voie navigable, la peuvent mettre en communication avec le Nord et le Midi ; les nombreux cours d'eau qui la sillonnent peuvent servir à la fois à son assainissement et à l'irrigation. Les marnes qui l'entourent de leurs gisemens peuvent être rapprochées de ses portions les plus centrales par des voies économiques de transport. La portion la plus étendue et la plus stérile de sa superficie se prête sans grandes dépenses à l'établissement des bois ;

la portion susceptible d'autres produits est d'une culture facile, lorsqu'elle est assainie ; enfin, le chemin de fer du Centre place aujourd'hui la contrée à quelques heures de Paris.

La régénération de la Sologne n'est donc pas, comme l'ont dit quelques esprits superficiels ou chagrins, une œuvre impossible, ou dans laquelle les moyens à employer dépasseront toujours les résultats.

Sur les 460,000 hectares qui représentent approximativement la superficie de la Sologne, 300,000 hectares peuvent être utilement transformés en bois résineux, et mieux encore, lorsque le sol le permet, avec mélange de bois feuillus ; en appliquant cette opération aux terres usées par des siècles d'une culture épuisante, et en réservant, pour une culture nouvelle et profitable, à l'aide de la marne et de fumiers plus abondans, les landes couvertes de détritus accumulés. (1)

Les terrains dans lesquels on établit ces bois étant de 200 à 300 fr. l'hectare, les frais de semis, tout compris, varient de 12 fr. à 30 fr.; en en sorte que le capital consacré à l'établissement d'un bois, tant acqui-

---

(1) Les frais d'établissement de bois varient suivant les conditions dans lesquelles on les fait, et peuvent s'élever, par hectare, ainsi qu'il suit :

1° Sur terre en culture	de 10 fr.	à 12 fr.
2° Sur bruyère, avec labour en plein	18	20
3° Sur bruyère, par bandes alternatives de 1 mètre	12	14
4° Sur bruyère, avec la herse Bataille	17	»
5° Sur bruyère, sans aucune préparation	12	»

En mélangeant les essences, ce qui offre une réussite plus assurée et un plus long avenir :

8 k. graine de pin maritime	3 fr.	20 c. à	3 fr.	20 c.
1/2 k. graine de pin sylvestre	2	»	2	»
2 hect. de glands	6	»	10	»
	11	20	15	20

On peut donc établir en Sologne des bois de pins purs ou mélangés de pins sylvestres et autres, pour une dépense de 12 à 20 fr. par hectare, et avec mélange de bois feuillus, chêne, châtaignier, bouleau, avec une dépense de 20 à 30 fr. par hectare.

(*Rapport de M. Brongniart*, chargé par le Ministre de l'agriculture d'une mission spéciale sur les plantations forestières dans la Sologne, p. 9 à 12.)

On ne doit pas s'étonner si nous empruntons plusieurs passages aux travaux remarquables de MM. Darcy, Machart et Brongniart. Ces messieurs ayant puisé la plus grande partie de leurs données dans les renseignemens que leur ont fournis les membres des Comices et les agriculteurs du pays, les combinaisons qu'ils en ont faites, les déductions qu'ils en ont tirées leur appartiennent ; mais emprunter les passages dans lesquels figurent ces données, ce n'est presque pour nous que reprendre les matériaux que nous avons fournis.

sition du sol que frais de culture préparatoire et semences, ne dépasse pas, en général, de 220 fr. à 350 fr. par hectare.

Le produit de ces bois est très-supérieur, même au bout de peu d'années, à celui des terres arables de mauvaise qualité qu'on leur consacre, et qui ne sont susceptibles ni d'irrigation facile, ni de marnage économique, ainsi que cela a lieu pour les terrains légers et secs qui conviennent aux pins. Dans toutes ces localités, les terres de cette espèce ne rendent que de 4 à 6 fr. l'hectare ; en bois résineux elles produisent déjà ce revenu pendant les 10 ou 12 premières années, et plus tard elles le doublent et même le quadruplent, suivant leur position et suivant la période qu'on donne à leur exploitation (1).

Ainsi, pour une dépense de 220 à 350 fr. par hectare, on arrive par les bois à un produit moyen annuel de 20 à 40 fr., sur la seule portion du sol non susceptible d'amélioration agricole plus coûteuse.

En face de pareils résultats qu'on ne saurait mettre en doute, on doit se demander comment il se fait que la culture des bois ne se soit pas davantage étendue qu'elle ne l'a fait ; que ces 300,000 hectares de forêts ne soient pas déjà élevés, et que la Sologne ne présente encore aujourd'hui qu'environ 26,000 hectares en pins et 48,000 hectares en bois et taillis. (2)

---

(1) Les produits des sapinières varient 1° suivant leur âge ; 2° suivant leur plus ou moins grande proximité d'une voie de transport facile ou d'un centre de consommation important. Ainsi, de 8 à 25 ans on voit ce produit varier par année de 20 à 40 fr. par hectare. A cet âge on obtiendrait, si l'on voulait recommencer l'exploitation, un produit presque double jusqu'à 50 ou 60 ans, en adoptant la pratique du résinage. A la fin de cette période on aura un produit définitif qui s'ajouterait au précédent et qui correspondrait encore à 30 ou 40 fr. par année, mais qui, obtenu à la fin d'une longue période de culture, devrait être fortement réduit si on voulait le considérer comme un accroissement du produit annuel (*Rapport de M. Brongniart*).

Le tout laissant après l'exploitation définitive des pins un bois feuillu élevé et en plein rapport dans les terrains qui ont permis de semer les essences à feuilles caduques en même temps que celles à feuilles persistantes.

(2) Supposons que les 300,000 hectares de bois soient créés en Sologne, savoir : 200,000 hectares depuis leur semis jusqu'à 50 ans pour les bois résineux, et 100,000 hectares de bois feuillus.

Dans cette supposition, la production annuelle des bois résineux serait :

25,000,000 de bourrées ;

1,200,000 stères de bois de chauffage et charbon ;

600,000 stères de bois de service ;

40,000 tonnes de résine brute.

La production annuelle des bois feuillus aménagés en taillis de 15 à 20 ans, avec réserve de futaies, donneraient sur 5,000 hectares par an :

La réponse est dans la condition qui domine et commande toutes les productions, le débouché et les facilités d'écoulement. Ce sont l'impossibilité de trouver des consommateurs sur place, la nécessité pour l'énorme production des bois d'aller chercher le consommateur au loin, et l'impossibilité de faire ce transport par les voies ordinaires, qui ont, jusqu'à ce jour, limité une amélioration aussi peu coûteuse, et dont les produits s'offrent comme supérieurs aux autres produits agricoles dans l'état de la contrée. Des voies économiques de transport peuvent seules amener à se couvrir de bois la portion de la Sologne susceptible de cette seule amélioration avec profit.

Mais l'établissement des bois, fût-il atteint, ne résoudrait pas seul le problème de l'amélioration du pays. Admettons que la totalité des bois soit créée sans aucune amélioration sur les terres consacrées à la culture. Les terres laissées à la culture actuelle verraient diminuer, avec l'espace enlevé au parcours par les bois, les maigres fumiers qu'on leur peut consacrer aujourd'hui, si l'on ne leur créait des ressources nouvelles et plus puissantes par une culture perfectionnée et plus fourragère.

Ce serait donc une grande erreur que de soutenir qu'à l'aide des seules plantations on regénérera la Sologne, si l'on n'améliore en même temps les terres réservées aux autres productions ; il faut dire au contraire que l'établissement des bois commande l'amélioration des terres.

Que faut-il aux terres de la Sologne pour changer leurs produits ? Il leur faut l'assainissement, l'élément calcaire, enfin l'irrigation dans les portions dont le relief du terrain s'y prête.

6,000,000 de bourrées ;
400,000 stères de bois de chauffage et de charbon ;
300,000 bottes d'écorce de chêne.

(*Rapport de M. Brongniart*, p. 35, 36.)

M. Machart, raisonnant dans l'hypothèse de 225,000 hectares seulement à boiser, établit leur produit annuel ainsi :

« 1,260,000 stères de bois de corde, pesant 472,500 tonnes de 1,000 k.;
« 5,700,000 hectolitres de charbon, pesant 57,000 — —
« 57,600,000 bourrées — — 288,000 — —

« Supposons que la totalité des bourrées et le quart des autres bois puissent être « absorbés par la consommation locale, et dans le court rayon que peuvent atteindre « les transports par terre, il y aura à exporter 400,000 tonnes, c'est à peu près trois « fois le tonnage du canal latéral à la Loire, et le double de ce que transporte la « Loire elle-même dans la partie la plus fréquentée entre Orléans et Nantes. »

(*Deuxième réponse à un cultivateur solonais*, p. 37.)

Quant à l'assainissement, sans aller chercher dans la législation des moyens de contrainte qu'on n'y trouverait pas, du jour où le propriétaire trouvera plus de profit à défricher sa lande qu'à la laisser en marécage ou en pâturage impuissant, à en écouler les eaux vers les fonds inférieurs, à convertir son étang en terre plus productive ou en réservoir à niveau relevé pour l'irrigation, ce jour-là les landes disparaîtront pour faire place à la production d'une nourriture plus substantielle pour de plus nombreux troupeaux ; les étangs, de funestes qu'ils étaient, deviendront inoffensifs, soit comme terres productives, soit comme magasins d'eau : enfin s'introduira dans certaines limites l'usage du drainage, dont la matière première se trouvera en ouvrant la tranchée dans l'argile imperméable elle-même, et le combustible dans les bois environnans.

Mais tout cela suppose l'élément calcaire qui abonde au périmètre de la Sologne, mais n'y saurait pénétrer par les voies actuelles de transport et en franchissant 20 à 25 kilomètres en moyenne.

Nous avons dit élément calcaire sans indiquer sous quelle forme, et cela avec intention. Sans nous expliquer sur la possibilité de substituer la chaux à la marne, on doit reconnaître que l'usage de la chaux ne s'est point introduit jusqu'à ce jour, malgré l'avantage qu'on fait ressortir en sa faveur de présenter sous un moindre volume une même quantité de calcaire. Le fait subsiste, et en Sologne tous marnent dès qu'ils le peuvent, infiniment peu ont essayé de chauler ; en sorte qu'il est impossible de dire, par expérience sur une échelle raisonnable, les effets de la chaux dans nos sols. Cela ne tiendrait-il pas à ce que l'emploi efficace de la chaux exige un sol préalablement et parfaitement égoutté, condition à remplir encore en Sologne ; à ce que de plus la marne, par l'argile qui constitue sa différence d'avec la chaux, donne de la consistance à nos sables et leur apporte en même temps un élément dont plusieurs manquent ; à ce que dans l'état actuel de la culture la pratique a pu trouver imprudent de donner un stimulant aussi actif à nos rares fumiers dans un sol déjà pauvre par lui-même ? (1)

Qu'aux abords du chemin de fer et dans une zone assez restreinte on

---

(1) Avec l'usage de la chaux, la question de transport n'en subsisterait pas moins : « Pour obtenir les 68,000 mètres cubes de chaux qui seraient nécessaires pour « fournir annuellement trois hectolitres de chaux par hectare à la moitié de la So- « logne, ou pour mieux dire les 200,000 qu'il faudrait pour tripler la dose, on aurait « à introduire annuellement dans le pays plus de 300,000 tonnes de pierre à chaux, « masse immense qui, à elle seule, motiverait la construction d'un canal. »

(M. Machart.—*Deuxième réponse à un cultivateur solonais, page 41.*)

fasse consister l'amélioration des terres dans l'abaissement des tarifs sur le transport, soit de la chaux soit de la marne elle-même, on le conçoit ; mais cette mesure ne profiterait qu'à une portion fort restreinte de la Sologne et ne saurait constituer à elle seule l'amélioration de toute la contrée. Car faire dépendre la question de la Sologne entière d'un rachat du tarif par l'Etat, c'est oublier les neuf dixièmes de la contrée dans la solution ; c'est oublier l'assainissement, qui ne peut avoir lieu que par l'aménagement et la direction des eaux qui stationnent ou coulent à la superficie ; c'est oublier le boisement, qui ne peut avoir lieu qu'à l'aide de l'écoulement des produits ; c'est négliger deux élémens d'amélioration sur trois qui sont solidaires comme nous croyons l'avoir établi.

L'emploi de la chaux étant encore à l'état d'expérience fort restreinte, nous ne raisonnerons sur l'effet du calcaire que sous forme de marne, parce que, sous cette forme-là seule, l'emploi en est arrivé à l'état d'une pratique qui n'a de bornes que par l'énormité du prix.

Nous avons dit que l'assainissement du pays devait être une conséquence de l'amélioration du sol. A ce point de vue la marne joue un double rôle et des plus importans.

Les terrains vagues, infestés d'eaux stagnantes, mais recouvrant des détritus depuis longtemps accumulés, devront être cultivés les premiers comme renfermant le plus de principes de richesse. La marne répandue sur ces terrains s'emparera, par son carbonate de chaux, des acides du terrain et les neutralisera ; le terreau et les débris qu'il contient, privés des principes qui en arrêtaient la décomposition, se transformeront en engrais ; l'insalubrité et l'infertilité, tenant à une même cause, auront disparu sous l'action d'un même et puissant agent. Le savant éminent qui, comme Ministre de l'agriculture, est venu visiter la contrée, lui a révélé cette précieuse propriété du calcaire au point de vue de l'assainissement.

Au point de vue purement agricole, l'une des propriétés les plus fâcheuses des terrains dépourvus de calcaire consiste à ne pouvoir décomposer qu'imparfaitement et fort lentement les fumiers qu'on leur confie ; en sorte que les sacrifices qu'on leur ferait en engrais seraient en perte tant que l'adjonction de l'élément calcaire ne les aurait pas préparés à se les assimiler. On peut donc dire que, sans amendement calcaire, il ne faut pas donner à la terre plus d'aliment qu'elle n'en peut digérer, et que sans marne il n'est pas en Sologne d'amélioration agricole possible, parce qu'il y a, par l'état même du sol, une limite étroite imposée tout à la fois à la production et à l'emploi du fumier.

D'un autre côté, la marne, dans ces terrains légers, poreux, *friables* et d'une facile culture lorsqu'ils ont été égouttés, amène des résultats presqu'infaillibles. Le froment remplace le seigle, l'avoine et l'orge se substituent au sarrazin ; les prairies et les légumineuses s'établissent facilement, et l'on arrive ainsi à une rotation de récoltes qui, produisant enfin de quoi rendre à la terre ce qu'on lui enlève, assurent la rentrée des avances et permettent d'accumuler la richesse dans le sol. (1)

Aussi malgré l'excessive chèreté de la marne, dont un transport moyen de 20 à 25 kilomètres élève le prix de 8 à 12 francs le mètre, on marne dès qu'on le peut. Mais ces marnages, dans des conditions aussi défavorables, restent dans les bornes les plus étroites, malgré leurs avantages incontestables et incontestés. Et l'opération se borne à la zone étroite voisine du chemin de fer et à quelques domaines traversés par une route ou par un chemin entretenu ; encore se réduit-elle à 5 ou 10 hectares sur des domaines en comprenant 300. C'est qu'en effet la marne pesant de 12 à 1,500 kilos le mètre cube, ne peut pas supporter un transport par collier de plus de 5 à 6 kilomètres. Que son prix à cette distance soit réduit des deux tiers ou de moitié, et aussitôt on verra l'opération prendre les dimensions d'une amélioration générale. Mais les voies de terre, l'achèvement des chemins vicinaux qu'il faudrait multiplier à l'infini, ne sauraient amener un pareil résultat, parce que le prix de traction dépasserait toujours les limites que lui assigneraient les produits. (2) Il est superflu de remarquer en outre que l'amélioration

---

(1) En ne tenant compte que de la substitution du froment au seigle, en lui appliquant l'assolement funeste du pays et en admettant la marne à 4 fr. le mètre avec un transport par chemin de 5 à 6 kilomètres, qu'on peut négliger dans la saison morte, on arrive aux résultats suivans, par hectare à 30 mètres............ 120 f.

1re Année, différence du froment au seigle...			....	30
2e	—	—	....	30
3e et 4e,	—	—	moitié pour les menus grains..	30
—	—	sur les pailles	....	30
			Total égal au prix d'acquisition de la marne............	120

Que si, par un calcul bien entendu et d'une culture à plus large portée, on substitue pendant l'une de ces années une récolte de trèfle sous avoine, ou d'autre légumineuse, on ne pourra pas prétendre à moins de 4 à 5,000 kilos de foin artificiel, valant de 15 à 20 fr., soit 60 à 100 fr., avec l'avantage de payer en deux ans au lieu de quatre l'avance de l'amendement, et surtout de pouvoir rendre en fumier à la terre une récolte sur trois.

(2) M. l'ingénieur en chef Machart, dans un rapport présenté aux conseils géné-

de la vicinalité, qui sera une conséquence forcée de l'amélioration du pays, n'en saurait être la cause unique, car elle ne satisferait ni à l'écoulement du produit des bois, ni à l'égouttement du sol, ni à l'irrigation.

On en doit dire autant des puits à marne ; les tentatives faites jusqu'à ce jour n'ont pas été heureuses, et il est assez probable que les marnes ne pourraient être livrées à l'orifice du puits qu'à un prix tel qu'elles ne supporteraient pas un transport de plus de 5 à 6 kilomètres par terre (1). Dans cette supposition, et c'est la plus favorable, il faudrait, pour le marnage entier de la Sologne, établir des puits de 10 à 12 kilomètres en tous sens, ce qui en nécessiterait bien près de cent. On entrevoit aisément quelle serait cette dépense, qui ne satisferait ni au boisement ni à l'assainissement. Comme moyen transitoire, comme ressource pour certaines localités, l'ouverture des puits à marne mérite sans doute d'être encouragée, mais elle ne saurait pourvoir comme moyen unique et radical à un progrès de quelqu'étendue, moins encore à la transformation complète de la contrée. Il faut au marnage comme au boisement l'établissement préalable de voies de transport infiniment économiques. Un système sérieux et complet d'amélioration, et par

---

raux, raisonnant dans l'hypothèse qu'il y aurait 268,000 hectares de terre à marner, disait : « A raison de 40 mètres par hectare, le cube à transporter à une distance « de 15 à 16 kilomètres serait de 8 à 10 millions. L'entretien seul exigerait le trans- « port annuel de 4 à 500,000 mètres. Ce serait, sur de bonnes routes, la besogne de « trois mille chevaux travaillant sans interruption trois cents jours chaque an- « née. » (*Exposé du système général*, p. 29.)

Sans admettre cette étendue à marner, nous demanderons où seraient maintenant, en Sologne, les prairies nouvelles qui fourniraient la nourriture des chevaux employés au premier marnage seulement.

(1) Les sondages opérés par les soins de l'administration ont découvert les marnes aux profondeurs suivantes :

A la Guérinière, commune de Sennely.............	56 mètres.
A Vannes..	36
A Marcheval, près Neuvy.........................	18

Les hauteurs superficielles au-dessus du niveau de la mer sont :

Pour Sennely	134
Pour Vannes....................................	129
Pour Neuvy.....................................	98

Restent indécises jusqu'à ce jour les questions de la possibilité d'établir des galeries à travers les argiles coulantes, les frais d'épuisement, ceux d'extraction, enfin la question qui résume toutes les autres, le prix auquel la marne serait livrée à l'orifice du puits.

suite d'assainissement, devra donc satisfaire tout à la fois aux conditions suivantes :

1° Mettre à la portée de toutes les terres *cultivables avec profit* le calcaire au plus bas prix possible ;

2° Utiliser pour l'irrigation les eaux limoneuses ou surabondantes ;

3° Offrir aux produits encombrans du pays des voies d'écoulement économiques, et préparer ainsi le boisement de la portion du sol sur laquelle toute autre amélioration plus coûteuse serait impossible.

Lorsque ces moyens seront offerts à la Sologne, elle sera facilement assainie. Son insalubrité réelle, quoiqu'elle ait été exagérée, se manifeste par des fièvres intermittentes automnales dues à la fois à l'imperméabilité du sous-sol de ses landes incultes, à ses nombreux étangs peu profonds transformés par l'évaporation à la fin de l'été en vastes marécages. L'amélioration de la culture amenant le froment et l'augmentation des bestiaux, entraînera l'amélioration de la nourriture. Alors la colonisation sera possible, parce que l'augmentation de la population sera provoquée par l'augmentation des produits et du travail. La mise en valeur des landes incultes et leur marnage, la conversion de plusieurs étangs en terres arables ou en réservoirs profonds, agiront directement sur les causes d'insalubrité ; enfin le boisement lui-même, établi sur une vaste échelle, aura une action salutaire, sur le sol, comme drainage naturel par la succion longtemps prolongée des racines profondes des pins, sur l'atmosphère par l'aspiration de leurs feuilles.

Quant aux résultats par rapport à la production et à la richesse générales, ils pourront se faire plus ou moins attendre, suivant l'étendue du capital qui leur sera appliqué, mais ils ne sauraient faire défaut. Les 150 hectares réservés aux cultures arables et aux prairies donneraient plus en produit et en travail que la superficie double laissée aujourd'hui en mauvais pacages, ou abandonnée à une culture avare de fumier et de main-d'œuvre. Les 300,000 hectares consacrés aux forêts exigeraient pour l'exploitation de leurs produits 40 à 50,000 ouvriers, absorbant en salaire de 18 à 20 millions qui se répandraient dans la circulation, indépendamment du produit net revenant au propriétaire du sol boisé et pouvant s'élever de 9 à 10 millions.

Le revenu de la Sologne se trouverait ainsi porté, de 4 millions qu'il est aujourd'hui, à près de 14 millions, et son capital foncier de 128 millions à 460 millions, en ne comptant le revenu qu'à 3 %, maximum de celui des biens-fonds, et cela avec l'avance d'un capital de

55 millions seulement. (1) Ce serait bien là une conquête de la paix et, comme on l'a fait remarquer, l'adjonction d'un département à la France.

Mais un pareil résultat dépendant du marnage total et du drainage partiel de 100,000 hectares de terres arables, de l'assainissement et de l'irrigation d'environ 40,000 hectares de prairies, de l'écoulement du produit de 300,000 hectares de forêts, toutes conditions solidaires l'une de l'autre et reposant sur la création de voies de transports économiques, un pareil résultat demandait l'aide du Gouvernement, et ne pouvait être préparé que par un système de canaux reliant les deux grands cours d'eau qui bornent la contrée et couvrant celle-ci d'un réseau de voies navigables secondaires.

C'est dans ce but que fut dressé le projet présenté par le service de l'amélioration de la Sologne, et dont il est nécessaire de donner ici un aperçu sommaire.

Un grand canal de navigation et d'arrosage s'embranchant à Mainbray, sur le canal latéral à la Loire, traversant la Sologne de l'est à l'ouest, franchissant le chemin de fer du Centre, et allant joindre le Cher canalisé à Monthou près Montrichard, pour se réunir par là à la Loire devant Tours, compléterait la communication de Paris à Nantes et comblerait la lacune qui existe sur la ligne de jonction des deux mers par le Rhône, la Saône, le canal du Centre et le canal latéral à la Loire dont il formerait le prolongement.

---

(1) En faisant abstraction des étangs et des terrains consacrés aux bâtimens et aux petites cultures, qui sont sans importance dans ce calcul...., il reste environ 440,000 hectares, constituant spécialement le sol agricole et forestier à améliorer.

Dans l'état actuel, on peut établir ainsi la valeur en capital et revenu de ces terrains :

	Capital	Revenu
340,000 hectares en bruyères et en terres labourées consacrés à une culture temporaire et au pacage, valant environ 200 fr. l'hectare	68.000.000 fr.	
Et rapportant net, en moyenne, 5 fr..............		1.700.000 fr.
20,000 hectares en prairies, valant environ 1,000 f. l'hectare....................................	20.000.000	
Et rapportant en moyenne 30 fr.................		600.000
8,000 hectares en bois taillis médiocre et en sapinières jeunes, valant en moyenne 500 fr. l'hectare...	40.000.000	
Rapportant environ, dans leur état actuel, 20 fr. l'hectare....................................		1.600.000
Valeur totale actuelle du sol de la Sologne.........	128.000.000	
Donnant en revenu, au maximum................		3.900.000

Au point de vue de l'intérêt général il achèverait une œuvrei mportante; au point de vue de l'amélioration de la Sologne il résoudrait la question à l'aide des travaux secondaires qui s'y rattachent.

Dans son parcours jusqu'à la rencontre du chemin de fer, ce canal principal partagerait la contrée en deux portions distinctes.

La portion de droite qui se trouverait, à l'aide des cours d'eau qui la traversent, divisée en cinq zones de 10 kilomètres environ, pouvant alors recevoir la marne des voies navigables et y écouler les produits forestiers, sans que le parcours par voitures excédât 5 à 6 kil. et

---

Cette même contrée..... exigerait les dépenses suivantes de la part des propriétaires, dépenses qui s'ajouteraient à la valeur actuelle du sol et produiraient l'accroissement de revenu suivant :

100,000 hectares, valant actuellement 200 fr	20.000.000 fr.		
exigeraient, pour les mettre en culture, marnage, drainage, etc., chacun 300 fr......................		30.000.000 fr.	
rapporteraient en moyenne 32 fr..			3.200.000 fr.
20,000,000 hectares de prairie, valant en ce moment, en moyenne 1,000 fr.........................	20.000.000		
exigeant pour amélioration, assainissement, etc., 200 fr............		4.000.000	
20,000 hectares de nouvelles prairies, sur un sol valant 200 fr. l'hectare...........................	4.000.000		
exigeraient pour amélioration, irrigation, chaulage, etc., 500 fr......		10.000.000	
en tout 4,000 hectares de bonnes prairies, rapportant 40 fr. (*).....			1.600.000
300,000 hectares de bois, dont 80,000 hectares existant actuellement, valant 500 fr..............	40.000.000		
220,000 hectares sur vieilles cultures et bruyères, valant 200 fr...	44.000.000		
Frais de plantation au maximum, 50 fr...........................		11.000.000	
Revenu de 300,000 hectares de bois, à 30 fr....................			9.000.000
Valeur du sol, avant l'amélioration, comme ci-dessus...........	128.000.000		
Frais d'amélioration............		55.000.000	
Revenu du sol amélioré........			13.800.000

(*Rapport de M. Brongniart*, p. 31.)

(*) Cette évaluation nous semble fort au-dessous du produit de l'hectare amélioré.

pouvant être irriguées, tant à l'aide des eaux de la Loire dérivées par le grand canal que par celles des étangs transformés en réservoirs; cette partie est celle où abondent les étangs et dans laquelle, plus que dans aucune autre, l'assainissement se lierait à l'amélioration et en serait une conséquence nécessaire : l'étendue des terrains qui profiteraient de cet ensemble de travaux est d'environ 300,000 hectares dont plus de 180,000 sont situés dans la contrée dépourvue de calcaire.

La portion de gauche située à un niveau plus élevé que celui du canal principal se trouverait divisée en trois zones.

La première zone, entre la Sauldre et le Beuvron, dans laquelle figure le travail secondaire le plus important, le canal de la Sauldre en cours d'exécution sous la direction de M. l'ingénieur ordinaire Maréchal, devant être alimenté par les eaux de la Sauldre prises à Blancafort à travers des gisemens marneux, et par les retenues de deux étangs transformés en réservoirs et pouvant emmagasiner 13 millions de mètres cubes d'eau.

Ce canal rencontrerait le grand canal dans son parcours, mettrait ainsi cette portion du pays en communication, d'une part avec la Loire, d'autre part avec le Cher, et franchirait le chemin de fer au-delà duquel il serait continué. Ce canal remplirait, par rapport à cette zone, le rôle que le canal principal remplirait pour l'autre portion ; il apporterait les marnes dans le centre de la zone, contribuerait dans son parcours aux irrigations, et exporterait les produits forestiers vers la Loire et vers le Cher à l'aide du canal principal.

La deuxième zone, comprise entre la Petite-Sauldre et le Cher, retirerait des avantages analogues de la jonction de la Petite-Sauldre à la Rère.

La troisième zone enfin, entre la Grande et la Petite-Sauldre unies par une rigole, trouverait des moyens d'amélioration du même genre dans l'ouverture de petites rigoles tracées suivant les courbes de niveau du terrain allant sans pente d'une vallée à l'autre et reliant ainsi les cours d'eau qui prennent naissance sur la rive gauche de la Grande-Sauldre.

La superficie des terrains susceptibles d'amélioration par ces travaux, dans les trois zones, serait d'environ 125,000 hectares, tous compris dans la contrée entièrement dépourvue de calcaire.

L'ensemble de ces travaux, décidés en principe, couvrirait la Sologne d'un réseau de voies navigables qui contribueraient directement à l'assainissement du pays en recueillant et dirigeant les eaux de superficie à l'écoulement desquelles s'oppose la couche imperméable ;

qui assurerait son amélioration par les marnes qu'il irait chercher aux extrémités pour les répandre à bas prix jusque dans les parties les plus reculées; par l'écoulement économique des produits forestiers qu'il verserait, d'une part à la Loire pour la consommation des grandes villes, d'autre part au Cher, pour la consommation des usines métallurgiques auxquelles il donnerait une nouvelle impulsion pour la fabrication des excellens fers au bois du Berry, que la concurrence des fers à la houille, obtenus plus économiquement, tend à réduire chaque jour.

On le voit donc, toute l'amélioration de la Sologne repose sur l'établissement du canal de la Loire au Cher; car tant qu'il n'existera pas, on ne plantera nulle part en grand, parce que nulle part on n'aura d'écoulement assuré; on ne marnera pas en grand, parce que dans les quatre cinquièmes de la Sologne on n'aura pas la marne à un prix abordable. Le canal de la Sauldre lui-même, dont une haute sollicitude a décidé la confection, et qui dans ces travaux n'a obtenu la priorité que parce qu'il était d'une sage économie de donner, en l'achevant, une valeur aux fonds qui y avaient été déjà employés, le canal de la Sauldre n'étendra son bienfait qu'à une portion fort restreinte de la Sologne, et n'aura pour elle toute son efficacité que lorsqu'il pourra mettre cette portion de la contrée en rapport avec la Loire et le Cher à l'aide de leur canal de jonction. Il en sera de même de tous les travaux secondaires et de détail qu'on pourra entreprendre; isolés, ils ne profiteront qu'à une portion restreinte de la contrée, et tant qu'ils ne seront pas rattachés à la grande artère, ils n'auront même dans leurs bornes étroites qu'une action fort incomplète; leur sacrifier le grand canal serait essayer la construction d'une pyramide par le sommet.

Que si, pour ajourner, ce qui veut dire écarter l'exécution du grand canal, et par conséquent l'accomplissement des espérances données et des promesses faites à la Sologne, on invoquait des raisons tirées d'une économie étroite et malentendue; on répondrait que, pour être la base des améliorations à provoquer en Sologne, ce travail n'en est pas moins, et indépendamment de l'intérêt énorme qu'y a cette contrée, un travail d'intérêt général, puisqu'il doit former le complément d'une navigation intérieure dont se sont occupés Henri IV et Sully, Louis XIV et Colbert, Napoléon enfin, à qui aucune idée grande n'échappait; que l'avenir en a été préparé et l'exécution commencée dans une province qui n'était pas la Sologne, à l'occasion de laquelle on le reprend aujourd'hui, mais dans le Berry, dont les assemblées provinciales de

1780-83-86 rattachaient la richesse générale et la prospérité de leur province à la jonction de la Loire au Cher par une voie navigable (1).

Que si l'on insistait sur les avantages que la Sologne en particulier doit retirer de la confection de ce canal, on répondrait qu'il en est ainsi de tous les travaux publics dans lesquels les fonds employés par

---

(1) Dans la séance de l'assemblée provinciale du Berry, tenue le 23 octobre 1786, le commissaire du roi s'exprimait ainsi (p. 6 des procès-verbaux) :

« Les moyens d'accroître les débouchés de la province par des canaux navigables « ont déjà fixé votre attention; Sa Majesté a jugé que le plus utile, sous tous les rap- « ports, serait celui qui, communiquant à Vierzon par le Cher, *et par suite avec la* « *basse Loire et l'Océan*, traverserait la province..... *et se rendrait dans la haute* « *Loire au point que vous croiriez le plus avantageux pour profiter des autres* « *canaux dont cette rivière est ou peut devenir le lien de communication.* »

Le rapporteur de la commission, dans la séance du 8 novembre 1786, donnait, à l'utilité de la jonction de la Loire au Cher, des motifs dont l'application à la Sologne est tellement frappante, que nous ne pouvons mieux faire que de les rappeler ici.

La commission des canaux a à vous entretenir dans ce moment d'un des objets les plus importans pour la prospérité du Berri... Il vous reste à achever et à perfectionner sa vivification par la réunion aux communications par terre des communications par eau qui, non moins utiles..., appellent de toutes parts le commerce en lui offrant des transports aussi certains que ceux des chemins, et bien moins dispendieux.. Telle est la position particulière du Berry, qu'il ne peut obtenir que par une navigation bien établie, ces débouchés sûrs, faciles et permanens, qui mettraient ses biens en valeur et le génie de ses habitans en activité. Aucune ville distinguée par une population florissante ne forme ni dans la province, ni dans son voisinage, un de ces rendez-vous immenses qui encouragent à la production des denrées, parce qu'il n'y manque jamais de consommateurs... La nécessité de procurer à la capitale des bois de chauffage des provinces, dont elle n'en a pas encore tiré jusqu'ici, devait d'autant plus entrer en considération... C'est ainsi que l'intérêt de la capitale et celui des provinces les plus éloignées s'identifie..... Il était difficile, pendant la durée d'une guerre dispendieuse, d'espérer du gouvernement des secours puissans, comme il était impossible d'attendre des peuples des efforts salutaires... Nous ne pouvions former que des vœux et des projets, et concevoir des espérances pour des temps plus heureux. Ces temps sont arrivés, la paix commence à ranimer le commerce... Et si ces travaux réussissent, ils vous ouvriront par la suite une communication avec La Rochelle et Bordeaux... Nous aurions désiré pouvoir vous présenter dès ce moment un plan général et les moyens les plus capables d'assurer, en conciliant les intérêts de l'Etat avec ceux du Berri, la confection totale du canal de Vierzon à la Loire. Mais si nous regrettons d'être forcés de remettre à votre prochaine assemblée la satisfaction de vous offrir nos vues sur cet important objet... les motifs puissans qui auraient pu déterminer à commencer les travaux par le point de partage et la partie qui, aboutissant *à la haute Loire*, vous assurait une communication avec *Paris*, n'ont pu nous échapper. Mais ces travaux demandaient trop de bras réunis, sans avoir arrêté un plan pour sa totalité, tel que vous serez à même de le déterminer dans deux ans... (Procès-verbaux de 1786, p. 143 et suiv.)

. . . .

l'Etat ne sont qu'une avance faite au développement de la richesse d'une contrée qui lui rend avec usure ses avances par l'augmentation de la production, de la population, du commerce, de la consommation et des divers impôts.

Qu'en admettant, comme l'annonce le projet dressé, une dépense de 17,000,000 à faire par l'Etat pour la confection du canal, la contrée mise par ce travail en mesure de s'améliorer elle même aura dépensé, dans une période plus ou moins longue, un capital de 55 millions pour amener son revenu foncier de 4 millions à 14 millions. Que cette transformation, dont on ne saurait se dissimuler la lenteur, sera nécessairement retardée par les ajournemens apportés au travail dont l'exécution peut seule la provoquer en la rendant possible ; que la confection du canal principal formant la base et assurant l'avenir de l'amélioration du pays, hâtera seule la mise en œuvre de cet énorme capital, et pourra même provoquer l'intérêt particulier et la spéculation à décharger l'Etat de plusieurs des travaux secondaires et de détail indiqués dans le plan général présenté par le service de l'amélioration de la Sologne.

Que si l'on songeait à abandonner la section supérieure du grand canal prenant naissance à la Loire et allant jusqu'à la rencontre du chemin de fer, pour n'exécuter que la section de ce canal depuis le chemin de fer jusqu'au Cher, sous forme de prolongement du canal de la Sauldre, on répondrait au point de vue de l'intérêt général : que ce serait renoncer à compléter la navigation du Midi au Nord de la France par le Centre ; que les eaux du canal de la Sauldre étant insuffisantes pour subvenir à une navigation de 100 kilomètres, on serait amené à une prise d'eau secondaire dans cette rivière et à l'établissement d'une rigole dont la dépense assez considérable resterait en pure perte pour le Trésor, lorsque plus tard on établirait la section supérieure du grand canal, si ce système incomplet ne repose pas sur l'arrière-pensée de ne jamais compléter la jonction de la Loire au Cher ; on répondrait encore que la seconde section du grand canal qu'il s'agirait de faire, absorberait une portion des 17 millions pour ne faire qu'un travail borné.

On répondrait dans l'intérêt collectif de la Sologne entière que ce serait renoncer à l'amélioration de la contrée, priver de tous secours pour sa régénération la Sologne du Loiret et la portion la plus importante de celle de Loir-et-Cher, et réduire à de minces proportions une opération qui pouvait être grandiose et profiter à l'Etat. En abandonnant la première section du grand canal qui seule peut vivifier la Sologne, du nord et de l'ouest, en abandonnant les rigoles sur les faites du Cosson et du Beuvron qui seules peuvent servir cette portion de la contrée ; en ne tenant aucun compte de la classe ouvrière de Paris à qui se seraient adressés directement, en raison de leur peu de valeur, les bois et charbons de pins ; en n'ayant aucun égard à l'intérêt de la Loire dont la navigation succombera inévitablement devant la concurrence du chemin de fer de Nantes, tandis qu'elle peut se soutenir si les bateaux arrivés à Tours peuvent remonter économiquement par le canal pour redescendre ensuite par le fleuve.

On répondrait, dans l'intérêt particulier de la vallée de la Sauldre, qne dans ce système le bienfait des travaux qu'on y exécute resterait tout-à fait incomplet ; qu'elle aussi bien que toute la Sologne est éminemment intéressée à la confection du grand canal, car, par lui seul, elle peut, sans aucun préjudice, se trouver mise en communication avec la Loire et le Cher (1).

Il ne faudrait donc plus dans ce système parler de la canalisation, de l'amélioration et de l'assainissement de la Sologne, mais seulement de l'amélioration incomplète de la moitié de la vallée de la Sauldre.

Telle n'est pas la portée étroite de la question de Sologne : question d'humanité, elle n'admet pas qu'on puisse lui marchander les secours ; question d'amélioration, elle intéresse la fortune générale ; question de navigation intérieure, elle doit, pour sa solution pratique, réaliser la jonction de la Loire au Cher, sans laquelle la contrée ne saurait entreprendre elle-même sa propre amélioration et y consacrer un capital énorme ; question de colonisation, elle ne pourra se prêter à la colonisation que lorsqu'elle aura les élémens d'avenir et de production qui lui manquent, et que la communication économique avec le Centre et Paris peut seule lui assurer.

---

(1) Supposons le grand canal exécuté, la région de la Sauldre a son canal alimenté par sa prise d'eau à Blancafort et dominé par un réservoir de 13 millions de mètres cubes d'eau pour subvenir aux besoins de la navigation et de l'irrigation sur une seule branche descendante de 18 kilomètres, rencontrant à cette distance le grand canal alimenté par une prise d'eau de 7 mètres par seconde dans la Loire, et touchant par lui au nord et au midi.

Supposons au contraire qu'on abandonne le canal de la Loire au Cher, on ne pourra pas laisser le canal de la Sauldre dans une impasse. Il faudra le faire descendre vers la Loire d'une part, vers le Cher de l'autre ; c'est-à-dire que de ce côté, au lieu de 13 millions de mètres cubes d'eau pour 18 kilomètres, il n'en restera que 6 millions pour 100 kilom.; le rapport des besoins aux ressources sera diminué dans la proportion de 12 à 1; les irrigations seront impossibles, la navigation compromise.

On sera amené à y pourvoir par une seconde prise d'eau dans la Sauldre qui, en admettant qu'elle fût suffisante, ce qui, jusqu'à présent n'est pas démontré, entraînera une forte dépense qu'on eût pu épargner, modifiera toutes les usines situées sur la Sauldre, entre autres celles de Salbris et de l'Ardoise ; altérera ses prés dont la qualité supérieure est reconnue; et surtout compromettra l'amélioration de toute la contrée située sur la rive gauche de la Sauldre qui, dans le plan d'ensemble, repose en partie sur le maintien du volume d'eau de cette rivière; et tout cela pour une économie qui consiste à remettre à tout jamais l'amélion des neuf dixièmes de la Sologne.

....

www.ingramcontent.com/pod-product-compliance
Ingram Content Group UK Ltd.
Pitfield, Milton Keynes, MK11 3LW, UK
UKHW020550230726
13925UKWH00006B/2517